Nzoki Mutua

O género e o crescimento da indústria hortícola de exportação no Quénia

Nzoki Mutua

O género e o crescimento da indústria hortícola de exportação no Quénia

Género e espírito empresarial

ScienciaScripts

Imprint

Cover image: www.ingimage.com

This book is a translation from the original published under ISBN 978-3-659-85323-4.

Publisher:
Sciencia Scripts
is a trademark of
Dodo Books Indian Ocean Ltd. and OmniScriptum S.R.L publishing group

120 High Road, East Finchley, London, N2 9ED, United Kingdom
Str. Armeneasca 28/1, office 1, Chisinau MD-2012, Republic of Moldova, Europe
Managing Directors: Ieva Konstantinova, Victoria Ursu
info@omniscriptum.com

Printed at: see last page
ISBN: 978-620-8-37452-5

ÍNDICE DE CONTEÚDOS

DEDICAÇÃO

Este projeto é dedicado ao meu pai, Sr. Richard Mutua, que se dedicou muito ao longo dos anos à minha educação e desenvolvimento intelectual

AGRADECIMENTOS

Em primeiro lugar, agradeço a Deus Todo-Poderoso, sem Ele não teria realizado este trabalho.

Ao longo do processo de redação deste documento, muitas pessoas da comunidade dedicaram algum tempo a ajudar-me. Gostaria de agradecer especialmente à comunidade Women of Yatta, no seu conjunto, por ter participado ativamente no feedback e nos contributos para este documento.

Por último, mas não menos importante, agradeço ao meu orientador, Dr. Owuor Olungah, cuja integridade, honestidade e brilhantismo me orgulham de ter sido seu aluno. Estou particularmente grato pela sua paciência.

LISTA DE ABREVIATURAS E ACRÓNIMOS

AAWORD	Association of African Women for Research and Development
ASAL	Arid and Semi-Arid Land
EPC	Export Promotion Council
EPZA	Export Processing Zone Authority
FPEAK	Fresh Produces Exporters Association Kenya
GAD	Generalized Anxiety Disorder
GDP	Growth Domestic Product
HCDA	Horticultural Cooperation Development Authority
IDRC	International Development Research Centre
KES	Kenya Shilling
KFC	Kenya Flower Council
KNBS	Kenya National Bureau of Statistics
MOA	Ministry of Agriculture
MSEs	Micro and small Enterprises
ROK	Republic of Kenya
SEWA	Self Employed Women's Association
SID	Society for international development
UN	United Nation
UNDP	United Nation Development Program
WAD	Women and Development
WB	World Bank

RESUMO

O sector da horticultura, em especial o subsector da exportação, foi destacado como aquele que contribui substancialmente para o impressionante crescimento das empresas do sector agrícola. As indústrias de horticultura envolvem homens e mulheres a diferentes níveis e de diferentes formas, tanto nas zonas urbanas como nas rurais. Estas empresas empregam 70% de mulheres não qualificadas ou semi-qualificadas, que trabalham numa base ocasional ou com contratos sazonais de curta duração (FPEAK, 2011). Apesar destes esforços, as desigualdades entre homens e mulheres persistem e as mulheres continuam a ser invisíveis enquanto intervenientes importantes na promoção do crescimento económico, em especial a nível macroeconómico, onde são concebidos os indicadores de crescimento.

Este estudo procurou investigar o papel do género no crescimento da indústria da horticultura, que é a que mais cresce e a terceira a contribuir para o PIB nacional. Assim, o estudo procurou estabelecer o papel do género no crescimento da indústria da horticultura de exportação no Quénia, com especial incidência no círculo eleitoral de Yataa, no condado de Machakos. O estudo adoptou uma conceção de investigação descritiva, uma vez que implicou a descrição e a análise da cultura e do comportamento dos seres humanos e dos seus grupos do ponto de vista dos que estão a ser estudados.

CAPÍTULO 1

1.0 CONTEXTO DO ESTUDO

1.1 Introdução

A Organização das Nações Unidas (ONU) observou que as mulheres são a maioria da população do sector agrícola, mas que a sua posição se desvanece quando se analisa o desempenho do sector (UNCTAD, 2003). O sector tem sido consistentemente o principal motor do crescimento económico de muitas nações a nível mundial (ROK, 2011). Esta preocupação levou a ONU a estabelecer os Objectivos de Desenvolvimento do Milénio (ODM), que visam acabar com a pobreza extrema, aumentar o acesso à educação, facilitar a igualdade entre os sexos, reduzir as taxas de mortalidade infantil e, de um modo geral, tornar o desenvolvimento sustentável até 2015 (UNCTAD, 2006). A questão das mulheres na agricultura constitui a veia dos objectivos e foi dada muita ênfase ao aumento do envolvimento das mulheres para que estes objectivos possam ser realizados até 2015 e mais além (PNUD, 2010). Em resposta a estes apelos, o Quénia tem desenvolvido continuamente políticas que procuram deliberadamente intervir para melhorar o desempenho das mulheres e reduzir a pobreza rural (RoK, 2003). A nova Constituição do Quénia e a Visão 2030 do Governo abordam a igualdade de género. Por exemplo, a Carta de Direitos da Constituição afirma a igualdade de direitos e a não discriminação, e a Constituição incorpora acções afirmativas destinadas a melhorar a igualdade de participação na tomada de decisões, mas ainda existem diferenças consideráveis no país entre as possibilidades de homens e mulheres controlarem e beneficiarem dos recursos e estruturas económicas, sociais e políticas.

O sector da horticultura, em particular o subsector da exportação, tem sido apontado como aquele que contribui substancialmente para o impressionante crescimento das empresas do sector agrícola. De acordo com a CNUCED (2006), as receitas dos vários produtos aumentaram progressivamente com o tempo, levando a que o subsector contribuísse sozinho com 11% do PIB nacional em 2011. É de salientar que os produtos específicos registaram um crescimento impressionante no período entre 2007 e 2011. As flores cortadas aumentaram 20%, passando de 43 102 mil milhões de KES para 58 835 mil milhões de KES; as receitas provenientes dos frutos aumentaram de 1 798 mil milhões de KES para 3 535,4 e as receitas provenientes dos produtos hortícolas aumentaram de 22 354 mil milhões de KES para 26 251,2 mil milhões de KES durante o mesmo período. O crescimento é ainda indicado pelo aumento da produção em tonelagem, que cresceu 20%, 45% e 5%, respetivamente, durante o mesmo período. Este facto é demonstrado no quadro 1 abaixo. Esta tendência de crescimento faz deste subsector um dos que mais crescem na economia queniana e, por conseguinte, merece uma investigação intensiva para contribuir para os debates prevalecentes sobre o desenvolvimento sustentável e a capacitação económica das mulheres (UNCTAD, 2006).

1.1.1 Perspetiva global

A centralidade da abordagem das questões de género no desenvolvimento económico a nível mundial é cada vez mais reconhecida (Stotsky, 2006). O Banco Mundial tem encomendado continuamente estudos em todo o mundo e uma confirmação subjacente é que a desigualdade baseada no género limita o crescimento (WB, 2011) e que é essencial que tanto as nações em desenvolvimento como as desenvolvidas libertem o enorme potencial produtivo das suas mulheres para que se possam dar passos impressionantes em direção ao crescimento a favor dos pobres (WB, 2011).

As conclusões da análise macro e microeconómica das relações entre crescimento e desigualdade de género mostraram que as maiores disparidades de género em matéria de direitos humanos básicos, recursos, oportunidades económicas e voz política limitam direta e indiretamente o crescimento na África Subsariana (SID, 2010) e que as mulheres e as raparigas suportam os custos mais elevados e diretos destas desigualdades. Nas zonas rurais onde a agricultura, enquanto atividade económica, prospera, o desempenho de homens e mulheres apresenta enormes disparidades (Audretsch et al., 2006).

As desigualdades de género persistem no acesso e no controlo de uma série de bens de capital produtivo, humano e social (Fairlie e Robb,2008:Shane ,2008). Consequentemente, as principais componentes do fraco desempenho - capacidade, segurança das oportunidades e empoderamento - diferem em função do género.

No Quénia, as dinâmicas de género na agricultura não são diferentes das do resto do continente e de outros países em desenvolvimento. Atribui-se ao sector a criação da primeira "burguesia africana" (Kitching,1980;Kibas,1997) e cita-se em SID (2010), uma publicação que auditou a Visão 2030 do Quénia numa perspetiva de desigualdade de rendimentos e de género, que estipula que a razão pela qual as mulheres não são "burguesas" se deve principalmente à afirmação da história. Cita Sir Arthur Lewis (1954) que afirma que "a desigualdade entre homens e mulheres é um resultado natural do crescimento crescente do sector capitalista". O termo "burguesia", nesta perspetiva, refere-se a personalidades de estatuto socioeconómico muito elevado e seria interessante estabelecer a evolução do estatuto dos actores do sector (Akua, 2004). Foi neste nexo que este estudo se baseou, analisando especificamente as divisões de género na era colonial e pós-colonial e estabelecendo factos históricos que poderiam eventualmente explicar a aparente invisibilidade das mulheres empresárias na agricultura (Catalyst, 2007).

As diferenças relacionadas com o género podem ser atribuídas à era colonial, em que o cenário foi deliberadamente montado para que os homens desempenhassem o papel central na produção de culturas de rendimento, enquanto as mulheres eram relegadas para a produção de culturas alimentares (Akua, 2004). Esta situação era particularmente evidente nos países colonizados pelos britânicos, como o Gana e o Quénia (Strickland, 2004). Esta dicotomia nos padrões de produção entre os sexos era ela própria discriminatória, pois determinava questões como a propriedade da terra, o controlo e a distribuição dos rendimentos e o acesso a outros recursos produtivos, como os serviços de extensão, a formação e a especialização no comércio (Honohan e Beck, 2007). Estes padrões persistiram e o seu efeito líquido é o obscurecimento da participação das mulheres no crescimento setorial, uma vez que o presente é largamente influenciado por práticas passadas (McColloch e Ota, 2002).

A era pós-colonial herdou estes padrões e as mulheres continuaram a ser vistas como menos produtivas do que os homens, apesar de serem predominantes na oferta de mão de obra para as explorações de culturas alimentares, explorações de culturas de rendimento e explorações especializadas em culturas hortícolas.

Na última década, esses padrões enfraqueceram e o espaço das mulheres no espaço produtivo está a evoluir lentamente, em grande parte influenciado por iniciativas de desenvolvimento locais, nacionais e internacionais, como os Objectivos de Desenvolvimento do Milénio (ODM) das Nações Unidas. Estes objectivos foram acordados pelas Nações Unidas em 2002 e visavam sobretudo uma abordagem unificada para resolver problemas da humanidade como a fome, o analfabetismo e as desigualdades de género, para mencionar apenas alguns. Um resultado notável é uma maior integração dos papéis específicos do género na condução dos processos de desenvolvimento das economias na economia global mais ampla.

Há um aumento dos pequenos produtores que estão a competir em mercados muito mais exigentes em termos de qualidade e segurança alimentar e mais integrados do que em épocas passadas. Estes pequenos produtores são melhor representados pelo subsector da horticultura de exportação. Em muitos países africanos, o subsector emergiu como o principal motor da economia agrícola e melhorou a produtividade do sector através da expansão dos espaços de mercado do nível local para o nível global. O efeito líquido é permitir que os produtores rurais utilizem os recursos de que dispõem de forma mais eficiente e sustentável.

Segundo Dolan e Humphrey (2000), na altura em que o Quénia se tornou independente, a horticultura representava 0,3% do valor total das exportações, mas a partir de finais da década de 1960, as exportações aumentaram tanto em volume como em diversidade de culturas e, em 2000, estes produtos tinham crescido para 75 tipos diferentes de produtos categorizados em produtos em bruto, principalmente flores, produtos hortícolas (pré-embalados e pré-preparados) e frutos, representando 8% do produto interno bruto (Dolan e Humphrey, 2000). Desde então, o subsector agrícola de exportação de produtos hortícolas tem continuado a expandir-se em termos de produtividade e inovações, tornando-se o principal produto de exportação e contribuindo imensamente para a economia de muitos países em desenvolvimento da África Subsariana, entre os quais o Quénia. Na última década, a produção total aumentou de 26 000 toneladas em 2000 para mais de 60 000 em 2010 (KNBS, 2011).

De acordo com o Relatório de Análise da Agricultura publicado pelo Ministério da Agricultura em 2011, o Governo ganhou 11 mil milhões de KES com as exportações de produtos hortícolas e contribuiu com 11% do PIB em 2010. Atualmente, o Quénia continua a ser o maior exportador de produtos hortícolas em África, com volumes de exportação que aumentam de 10% a 15% por ano (MOA, 2010). Só a indústria das flores de corte emprega cerca de 56 000 trabalhadores, dos quais aproximadamente dois terços são mulheres. As mulheres também constituem a maioria dos membros das cooperativas que coordenam os processos de produção. Estes processos incluem a preparação da terra para a agricultura, a seleção da qualidade das sementes, a gestão dos cuidados com as culturas, a colheita, a triagem e a embalagem para exportação ou venda a intermediários. A proeminência das mulheres nos papéis acima referidos é um forte indicador de que as mulheres são importantes decisoras e influenciam diretamente o processo de produção até ao nível da exportação. É necessário estabelecer paralelos e determinar o ponto em que os papéis mudam para relegar as mulheres para a periferia.

1.1.2 Setor da horticultura de exportação no Quénia

Após a independência, a política económica do Quénia promoveu um crescimento económico rápido através de investimentos públicos que encorajavam a produção agrícola dos pequenos agricultores e de incentivos ao investimento industrial privado, tendo esta política evoluído para a promoção de incentivos específicos em função do género, a fim de encorajar o crescimento através da agroindústria (ROK, 2005). O sector da agricultura foi o que mais contribuiu para o crescimento, principalmente no que se refere às culturas de rendimento que permitiram a exportação desde a era colonial, quando o capitalismo foi introduzido pelos colonialistas britânicos (McCulloch e Ota, 2002). Esta situação manteve-se em grande escala durante a primeira década, registando uma tendência de crescimento impressionante que se manteve durante três décadas. Com o passar das três décadas, o subsector da horticultura evoluiu e emergiu como uma importante fonte de divisas no Quénia. Atualmente, é a terceira maior fonte de receitas de exportação, depois do turismo e do chá, respetivamente (ROK, 2011). Os principais produtos são as flores cortadas, as frutas e os legumes, cujo crescimento tem sido um defensor do desenvolvimento económico de forma consistente.

Para uma compreensão abrangente dos facilitadores de crescimento no sector agrícola, os principais actores, que são predominantemente mulheres, devem ser adequadamente perfilados como elos fundamentais entre o sector público e privado, guardiões da segurança alimentar e instrumentos de redução da pobreza (AAWORD 2010). A indústria da horticultura simboliza esta dinâmica, uma vez que as mulheres constituem um grupo importante de actores em todas as plataformas de negócios que compõem o subsector e este estudo centra-se no seu papel no crescimento das empresas. De acordo com o Gabinete Nacional de Estatística do Quénia (KNBS, 2012), as mulheres constituem 75% da população rural e 65% da força de trabalho. No subsector da floricultura, as mulheres representam 65% dos empregados nas explorações florícolas e nas casas de embalagem (ROK, 2012).

Quadro 1.1: Exportações anuais de produtos hortícolas frescos de 2007-2011

Ano	Flores		Frutos		Legumes	
	Volume em Tonelagem	Valor em mil milhões de xelins do Quénia	Volume em Tonelagem	Valor em mil milhões de xelins do Quénia	Volume Em tonelagem	Valor em mil milhões de xelins do Quénia
2007	91,152	43,102	15,671	1,798	85,323	22,354
2008	93,653	39,971	17,124	2,071	82,357	16,129
2009	87,041	30,815	21,223	2,284	72,499	16,254
2010	67,731	24,379	19,313	2,047	60,090	13,744
2011	109,950.3	58,835.0	27,050.9	3,535.4	79,245.7	26,251.2

Fonte: Autoridade para o Desenvolvimento das Culturas Hortícolas HCDA (2012)

O sector da horticultura, em especial o subsector da exportação, foi apontado como aquele que contribui substancialmente para o crescimento impressionante das empresas do sector agrícola.

1.1.3 O papel do género no crescimento da horticultura de exportação

Os sectores da horticultura envolvem homens e mulheres a diferentes níveis e de diferentes formas, tanto nas zonas urbanas como nas rurais. Em Nairobi, as principais empresas são as exportadoras, que são principalmente propriedade de homens e as que são propriedade de mulheres têm frequentemente o controlo de recursos substanciais por parte do marido (FPEAK, 2011). Quase todas empregam mulheres nas casas de embalagem, onde o controlo de qualidade é feito através da triagem, da classificação, da marca e da embalagem (Nelson, 2007). Estas empresas empregam 70% de mulheres não qualificadas ou semi-qualificadas, que trabalham numa base ocasional ou com contratos sazonais de curta duração (FPEAK, 2011). O elevado número de mulheres indica que elas são fundamentais na tomada de decisões sobre os produtos a exportar e estão familiarizadas com as exigências do mercado internacional.

De acordo com a Associação de Exportadores de Produtos Frescos do Quénia (FPEAK), as mulheres constituem 50% dos principais decisores nas empresas de exportação de produtos hortícolas, em especial nas que se dedicam à exportação de frutas e produtos hortícolas. Tomam decisões sobre a preparação da terra para a plantação, a seleção das sementes, a seleção da mão de obra, a colheita, a triagem, a classificação, a embalagem e a gestão das ligações com os mercados e os serviços de extensão. São também uma componente substancial dos principais exportadores de flores, controlando direta e indiretamente 30% da gestão das empresas exportadoras de flores em grande escala (HCDA 2011). A cadeia de abastecimento no sector da horticultura de exportação constitui várias plataformas de negócios, desde a plataforma de nível de produção até ao consumidor final na plataforma de nível internacional. Estas plataformas são definidas pelas actividades-chave que caracterizam as operações: produtores, explorações agrícolas contratuais, empresas intermediárias, empresas de embalagem, exportadores e leiloeiras internacionais. Estas plataformas estão estreitamente ligadas entre si e são largamente influenciadas pela plataforma final, que são as plataformas dos mercados internacionais.

1.2 Declaração do problema

Um estudo recente do Banco Mundial sobre a situação das mulheres envolvidas na agricultura indicou que as mulheres têm um desempenho mais pobre do que os homens na África Subsariana (WB, 2011). No caso do Quénia, as mulheres são as principais produtoras de produtos hortícolas, tanto para consumo local como para exportação. O Governo tem reconhecido continuamente o papel que as mulheres empresárias desempenham e tem concebido políticas, programas e orçamentos que procuram aumentar a sua produtividade no sector (ROK, 2005:2010).

Apesar destes esforços, as desigualdades entre homens e mulheres persistem e as mulheres permanecem invisíveis enquanto intervenientes importantes na promoção do crescimento económico, em especial a nível macroeconómico, onde são concebidos os indicadores de crescimento. Este estudo procurou investigar o papel do género no crescimento da indústria hortícola, que é a que mais cresce e a terceira a contribuir para o PIB nacional (ROK, 2011). Especificamente, as diferenças nas caraterísticas empresariais de homens e mulheres; o papel que as redes sociais desempenham na coordenação de mercados e investimentos; se existem diferenças nos níveis de inovação na identificação de novos mercados e na melhoria contínua da qualidade e também o envolvimento de homens e mulheres na tomada de decisões a nível da produção e do mercado. Assim, o estudo procurou estabelecer o papel do género no crescimento da indústria de horticultura de exportação no Quénia, com especial incidência no círculo eleitoral de Yataa, no condado de Machakos. A investigação foi orientada pelas seguintes questões:

1.3 As questões de investigação

i. Em que medida uma caraterística empresarial de género influencia o crescimento da indústria de horticultura de exportação no Quénia?

ii. Como é que as redes sociais baseadas no género influenciam o crescimento da indústria da horticultura de exportação no Quénia?

iii. Em que medida as inovações impulsionadas pelo género influenciam o crescimento da indústria hortícola de exportação no Quénia?

1.4.1 Objectivos do estudo

1.4.2 Objetivo geral

O estudo procurou explorar o papel do género no crescimento da indústria da horticultura de exportação no Quénia, com especial incidência no distrito eleitoral de Yataa, no condado de Machakos.

1.4.3 Objectivos específicos

i. Estabelecer a influência das caraterísticas empresariais de género no crescimento da indústria hortícola de exportação no Quénia.

ii. Avaliar a influência das redes sociais baseadas no género no crescimento da indústria da horticultura de exportação no Quénia

iii. Examinar a influência das inovações impulsionadas pelo género no crescimento da indústria da horticultura de exportação no Quénia

1.5 Justificação do estudo

Este estudo pretende oferecer novos conhecimentos sobre a contribuição do género para o crescimento da indústria da horticultura no Quénia. O enfoque na indústria da horticultura de exportação justifica-se pelo facto de terem sido realizados poucos estudos neste sector líder do crescimento económico e, principalmente, porque as mulheres constituem um enorme círculo eleitoral. Tal como recomendado por Calas (2007), a investigação sobre o género e o espírito empresarial é uma área crítica para a compreensão da dinâmica social, permitindo assim uma resposta eficaz à mudança.

Uma análise aprofundada das caraterísticas demográficas das mulheres proprietárias de micro e pequenas empresas hortícolas exportadoras tem o potencial de lançar uma luz considerável sobre os factores de crescimento a nível micro que estimulam o crescimento para além das fronteiras. As conclusões deste estudo podem ser de grande importância para os decisores políticos, na medida em que podem esclarecê-los sobre o papel do género no crescimento da indústria hortícola de exportação no Quénia. Pode, assim, ajudar no processo de conceção de políticas que contribuam para o crescimento do sector. O resultado do estudo fornece aos académicos e futuros estudiosos literatura útil e uma base para investigação futura.

1.6 Âmbito e limitações do estudo

O estudo centrou-se na determinação do papel do género no crescimento da indústria de horticultura de exportação no Quénia, com especial incidência no distrito eleitoral de Yatta, no condado de Machakos. O estudo teve uma série de limitações. Alguns inquiridos não estavam dispostos a cooperar no preenchimento dos questionários, o que foi ultrapassado através de uma conversa prévia com os inquiridos e da criação de uma relação intensa. Os inquiridos também demoraram muito tempo a preencher e a completar os questionários, o que atrasou o processo. No entanto, o investigador assegurou-se de que os questionários devolvidos continham informações úteis para a investigação. .

CAPÍTULO 2

2.0 REVISÃO DA LITERATURA

2.1 Introdução

Este capítulo apresenta uma análise detalhada da literatura sobre o empreendedorismo das mulheres e o desenvolvimento económico social em geral e no sector da horticultura de exportação. O quadro concetual do estudo, que apresenta as variáveis que influenciam o crescimento das empresas detidas por mulheres no sector da horticultura, é também uma componente principal desta secção. Foi feita uma análise da literatura empírica no âmbito do conceito geral de agricultura e crescimento económico, que oferece uma perspetiva histórica do desenvolvimento da horticultura de exportação no Quénia e descreve em pormenor a forma como esta evoluiu para se tornar um importante motor de crescimento económico impulsionado pelas mulheres, que constituem 65% da mão de obra rural.

2.2 Caraterísticas empresariais do género e crescimento da horticultura de exportação

Nas últimas décadas, foram efectuadas comparações entre empresários do sexo masculino e feminino, centradas nas suas caraterísticas e motivação para criar uma empresa (Buttner et al.,1997), nas práticas de gestão (Chaganti,1996) e no estilo (Buttner 2001) ou personalidade (Fagenson,1993). Alguns estudos indicam que as empresárias tendem a encarar o sucesso de forma diferente dos seus homólogos masculinos. Os empresários do sexo masculino tendem a medir o seu sucesso com base nas receitas, vendas e indicadores financeiros, enquanto as empresárias se concentram mais nos valores intrínsecos (Buttner e Moore,1997). Romano (1994) referiu diferenças específicas de género nas definições de sucesso. As mulheres empresárias definiram o sucesso como a capacidade de controlar o seu próprio destino, de construir relações com os clientes e de fazer algo com significado, enquanto os homens consideraram o sucesso em termos de realização de objectivos (Romano,1994) e de rentabilidade financeira (Buttner e Moore,1997), medida em termos monetários.

Os empresários motivados por recompensas extrínsecas registaram vendas e lucros mais elevados do que os empresários motivados por recompensas intrínsecas. No que se refere aos factores demográficos, a noção comum, através de vários resultados de investigação (Brush et al., 2006), é que as mulheres empresárias iniciam as suas actividades mais tarde do que os homens. No Quénia, as caraterísticas específicas de género foram identificadas no desenvolvimento dos pequenos agricultores e são vistas como particularmente importantes para a correção do crescimento social e económico a nível das bases (Collier e Lau, 1980).

Além disso, a produção de culturas hortícolas por pequenos agricultores tem várias vantagens: a utilização de mão de obra familiar poupa custos de supervisão e os cuidados adicionais tomados pelos pequenos agricultores podem proporcionar elevados rendimentos de produtos de boa qualidade a partir de parcelas de terra relativamente pequenas (Buttner e Moore, 1997). Uma vez que a maioria dos agricultores possui menos de quatro acres de terra (ROK, 2007) e tem frequentemente um acesso deficiente ao crédito, aos factores de produção agrícola e aos serviços de extensão, a oportunidade de produzir uma cultura de elevado valor e de obter assistência com serviços e factores de produção essenciais é suscetível de ter um impacto importante nos rendimentos desses pequenos agricultores. As mulheres também são visíveis em posições de tomada de decisão no nível de produção em grande escala da cadeia de abastecimento da horticultura de exportação.

De acordo com a Associação de Exportadores de Produtos Frescos do Quénia (FPEAK, 2010), as mulheres constituem 50% dos principais decisores nas empresas de exportação de produtos hortícolas, em especial as que se dedicam à exportação de frutas e legumes. São também uma componente substancial dos principais exportadores de flores, controlando direta e indiretamente 30% da gestão das empresas exportadoras de flores em grande escala (FPEAK, 2010). Os factores determinantes do crescimento, especificamente para as empresas detidas por mulheres, serão indicados pelas redes que estas mantêm, quer como empregadas, quer como proprietárias.

2.3 Rede social de género e crescimento da horticultura de exportação

Existem tantas redes formais como redes informais e associações que desenvolvem acções positivas para a sociedade. Exemplos de redes informais incluem a Self Employed Women's Association (SEWA) da Índia e outras organizações documentadas por Chen et al..., *(2006).* As redes e associações informais desempenham múltiplas funções, tais como a prestação de serviços e a reivindicação de justiça social, bem como a mobilização de financiamento social e a regulação do comportamento dos membros. Estas funções são importantes para a produção, a redistribuição, a proteção e a transformação da sociedade e dos mercados (Kinyanjui, 2007).

Estas redes foram moldadas por processos históricos, incluindo o facto de terem sido completamente ignoradas por quadros políticos, jurídicos e regulamentares, bem como pela cultura e pelo seu próprio engenho. Por conseguinte, é necessária uma abordagem multidimensional que aborde a forma como as instituições informais e formais convergem ou divergem em relação à determinação do crescimento das empresas, tal como demonstrado por Helmke e Leitsky (2003), que criaram quatro tipos de redes informais, nomeadamente, complementares, acomodatícias, substitutivas e concorrentes.

Os membros destas redes coordenam os mercados e organizam a sociedade através de actividades de produção, proteção, distribuição e transformação, contribuindo imensamente para o desenvolvimento social e económico (Kinyanjui, 2008). O papel destas redes e associações na coordenação dos mercados e na transformação da sociedade não tem sido reconhecido pelos académicos, decisores políticos e profissionais do desenvolvimento.

Anteriormente descrita na literatura como sendo baseada na reciprocidade e no afeto, esta função ou é grosseiramente mal compreendida na literatura ou subestimada (Hyden,1980; McCormick et al. .20)0)3). A interdependência, enquanto indicador principal das redes, é determinante para o bem-estar socioeconómico das pessoas. As pessoas dependem umas das outras quando realizam transacções sociais, económicas e políticas. Entre os pequenos agricultores, os indivíduos têm certas normas relativas à ação económica, social e política. Estas normas constituem a base das relações de confiança.

A confiança influencia a forma como os indivíduos tomam decisões sobre preços e estratégias para lidar com os desafios da vida que afectam o funcionamento geral das empresas. Para eles, gerir uma empresa é um processo que dura toda a vida e que não deve ser dissociado dos vários ciclos de vida. Assim, o grande apoio que os indivíduos dão uns aos outros em casos de doença, morte, nascimento e casamento pode ser atribuído a esta interdependência e é alargado às esferas social e económica (Kinyanjui, 2012). Os indicadores das redes como determinantes do crescimento das empresas de horticultura de exportação serão as associações, as estruturas de coordenação do mercado, as estruturas de financiamento e as normas de comportamento.

2.4 Inovações de género e crescimento da horticultura de exportação

A inovação tem sido estudada em diferentes contextos, mas o tema subjacente é que a inovação envolve a integração de competências internas e externas para criar novos processos, produtos e novas formas de fazer coisas antigas (Chesbrough, 2003). Outros estudos afirmam que a relação de uma empresa com actores externos tem lugar em três fases de inovação diferentes: a difusa, frontal e final (ou seja, para aceder a novos conhecimentos); o desenvolvimento (para comprar ou vender soluções) e a comercialização (comprar e vender produtos ou componentes finais) (Vujovic, 2008).

Por outro lado, Manu e Siriam, (1998), conceptualizaram a inovação como uma construção multicomponente que consiste na introdução de novos produtos, despesas de investigação e desenvolvimento e ordens de entrada no mercado. O estudo da capacidade de inovação na horticultura de exportação está ancorado nestas três fases. As diferenças de género no acesso a novos conhecimentos foram investigadas para determinar se os homens têm mais acesso a conhecimentos sobre as exigências do mercado, o desenvolvimento ou a comercialização do que as mulheres e se, por conseguinte, têm um melhor desempenho. Procurou-se obter informações sobre a igualdade de condições para ambos os géneros.

2.5 Relevância da literatura analisada e lacunas de investigação

Este estudo analisou as teorias e a literatura empírica que tentam explicar os factores determinantes do crescimento e também a forma como o crescimento é medido. No entanto, esta literatura é apresentada de forma geral. O objetivo era fornecer uma perspetiva de género e aspectos ocultos do crescimento das empresas a que não tem sido dada muita atenção e, quando é dada atenção aos aspectos de género, esta é enviesada e apresenta o género feminino como uma agência em desvantagem.

O estudo defende, por conseguinte, que o crescimento a nível macroeconómico é direta e fortemente influenciado pelas economias de base dominadas pelas mulheres. As redes de mulheres funcionam de forma semelhante às redes formais e informais apresentadas na literatura, com o mesmo resultado de sinergia, coordenação de mercados, financiamento e regulação do comportamento dos membros.

Estas sinergias impulsionam a incubação de empresas, um aspeto que proporciona as condições necessárias para a geração de ideias de negócio. Está documentado que este aspeto tem efeitos multiplicadores, uma vez que o apoio leva as empresas a criar novas empresas e a inovar continuamente novos processos e serviços. Embora tenham sido descritas como actividades de sobrevivência, estas actividades contribuem tremendamente para o bem-estar da sociedade e, tal como o Secretário-Geral das Nações Unidas expressou durante a reunião anual da Conferência da Comissão sobre o Estatuto das Mulheres de 2011, "é necessário ter em conta a felicidade na medição do crescimento para se poder compreender plenamente o que faz com que a vida valha a pena ser vivida e isto pode ser feito olhando para as mulheres como principais motores do crescimento" (ONU Mulheres, 2011).

2.6 Quadro teórico

Durante a década de 1970, o pensamento e a prática de alguns académicos e activistas defendiam uma abordagem do desenvolvimento que procurava separar as mulheres dos homens, citando "os perigos de integrar as mulheres num mundo patriarcal". Estas vozes, tal como captadas por Hunt em 1989, definiram o painel para a teorização específica das mulheres, que criou uma abordagem designada por Mulheres e Desenvolvimento (WAD) (Rathgeber, 1990).

O paradigma WAD sublinha a distinção entre o conhecimento das mulheres, o trabalho das mulheres e os objectivos e responsabilidades das mulheres. Defende o reconhecimento desta especificidade e dos papéis especiais que as mulheres sempre desempenharam no processo de desenvolvimento. Por exemplo, a perspetiva do DMA deu origem a um apelo persistente para reconhecer que as mulheres são o pilar da produção agrícola em muitas áreas de África, embora a sua contribuição tenha sido sistematicamente ignorada e marginalizada nos planos de desenvolvimento nacionais e dos doadores (Buss, 2002).

Os esforços de organização foram orientados tanto para tornar as burocracias tradicionais mais sensíveis às necessidades das mulheres como para reforçar os laços entre as mulheres através de grupos e redes locais activos e autónomos. A teoria do WAD evoluiu para levar à criação da teoria do Género e Desenvolvimento (GAD) como uma explicação das diferenças entre homens e mulheres como importantes a considerar se a sociedade humana deve ser entendida claramente. De acordo com o IDRC (2000), a GAD adopta uma abordagem dupla para o estudo das mulheres e do desenvolvimento, investigando as condições materiais e a posição de classe das mulheres, bem como as estruturas e ideias patriarcais que definem e mantêm a subordinação das mulheres. A tónica é colocada nas relações entre mulheres e homens e não apenas nas mulheres.

Esta abordagem é extremamente relevante e útil para compreender o papel transformador que as mulheres desempenham no desenvolvimento económico na indústria da horticultura de exportação e este estudo centrou-se nas mulheres num domínio sofisticado que lida com mercados internacionais e produtos perecíveis, vulneráveis e sensíveis à qualidade. A forma como as duas principais dinâmicas interagem foi medida para avaliar até que ponto a teoria influenciou o desenvolvimento de empresas lucrativas no sector da horticultura. As perspectivas do WAD e da Análise de Género contribuíram substancialmente para este estudo, uma vez que este conhecimento permitiu colmatar o fosso existente entre os motores de crescimento nos vários níveis da economia.

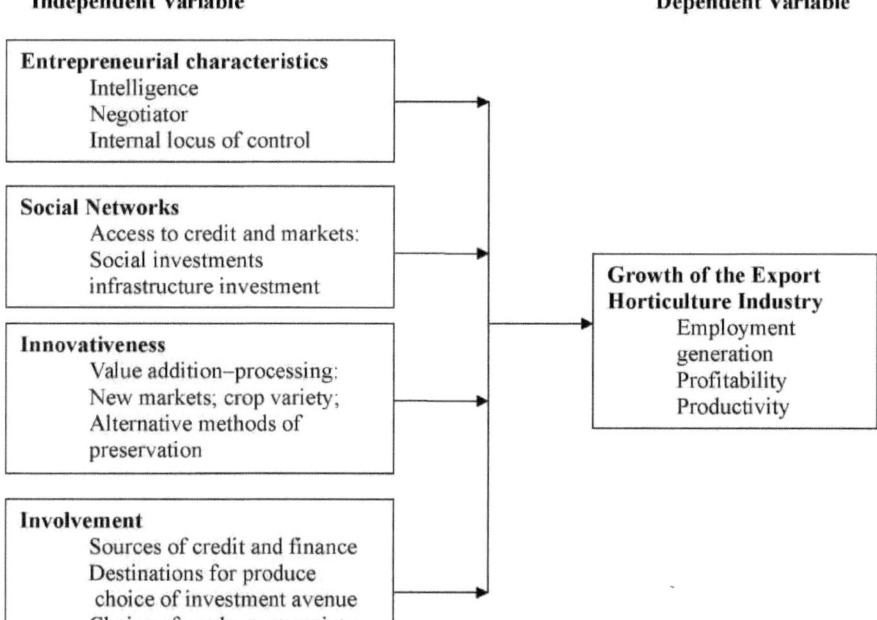

Figura 2.1: Quadro concetual

CAPÍTULO 3

3.0 METODOLOGIA

3.1 Introdução

Os métodos de investigação disponíveis para o estudo e a sua aplicabilidade constituíram o esboço deste capítulo. Apresenta e descreve o procedimento, a metodologia e as técnicas utilizadas para recolher, processar, analisar e responder às questões de investigação destinadas a determinar as influências do género no crescimento da indústria de exportação de produtos hortícolas no Quénia, com especial incidência no distrito eleitoral de Yataa, no condado de Machakos.

3.2 Sítio de investigação

O estudo foi realizado no círculo eleitoral de Yatta, no condado de Machakos, no Quénia. O círculo eleitoral de Yatta é um dos seis círculos eleitorais que constituem o extenso condado de Machakos. Está localizado nas regiões áridas e semi-áridas (ASAL) do Quénia e recebe chuvas irregulares de menos de 500 mm por ano. A altitude de Yatta varia entre 700 e 800 metros acima do nível do mar, o que faz com que o clima tropical seja quente, onde a evaporação excede a precipitação. Apesar das difíceis condições climatéricas, o círculo eleitoral acolhe cerca de 148.000 pessoas. As culturas hortícolas cultivadas no círculo eleitoral de Yatta, no condado de Machakos, no Quénia, incluem flores, frutos e legumes. As culturas são cultivadas por grupos de agricultores, homens ou mulheres, que se juntam para fazer economias de escala.

3.3 Conceção da investigação

Este estudo adoptou uma conceção de investigação descritiva, uma vez que implicou a descrição e a análise da cultura e do comportamento dos seres humanos e dos seus grupos do ponto de vista dos que estão a ser estudados, tal como definido em (Kombo e Tromp, 2006). Os seres humanos nestas perspectivas são homens e mulheres que possuem empresas e aqueles que ocupam posições de tomada de decisão no sector da horticultura de exportação. Foi realizado um inquérito a ambas as empresas rurais deste subsector no círculo eleitoral de Yatta. A combinação de metodologias em diferentes fases do processo de investigação e a utilização de mais do que uma abordagem para a investigação de uma questão de investigação aumentam a confiança nas conclusões resultantes (Kothari, 2008).

3.4 População-alvo

Uma população é um grupo de indivíduos, objectos ou itens dos quais são retiradas amostras para medição, enquanto a população-alvo se refere ao grupo maior do qual a amostra é retirada (Kombo & Tromp, 2006). De acordo com a Fresh Producers Exporters Association of Kenya (FPEAK), a indústria da Horticultura de Exportação tem uma população de 59 empresas em junho de 2013 no círculo eleitoral de Yatta. Estas constituíam a população-alvo do estudo. Há 121 homens e 59 mulheres envolvidos no negócio da horticultura no círculo eleitoral de Yatta. Para além disso, a população inclui seis instituições-chave que lidam com a horticultura de exportação, onde serão recolhidos informadores-chave. Estas instituições são o Export Promotion Council (EPC), a Export Processing Zone (EPZA), o Flower Council of Kenya (FCK), o Ministério da Agricultura (MOA) e a Horticultural Crop Development Authority (HCDA).

Quadro 3.2: **População-alvo**

Especialização da empresa	Número de empresas	Masculino	Feminino	Total
Flores	37	53	26	79
Frutos	12	28	18	46
Legumes	10	40	15	55
Total	**59**	**121**	**59**	**180**

Fonte, FPEAK (2013)

3.5 Técnicas de amostragem e dimensão da amostra

Para compreender os diferentes papéis que os homens e as mulheres desempenham na promoção do crescimento da indústria hortícola de exportação, foi efectuado um recenseamento de todas as 59 empresas. Foi utilizada a amostragem em vários estádios, um método recomendado para grandes inquéritos que se estendem a uma área geográfica consideravelmente grande e, como Kothari (2005) aconselha, esta técnica é mais fácil de administrar do que a maioria dos desenhos de um único estádio, principalmente devido ao facto de a estrutura de amostragem em vários estádios ser desenvolvida em unidades parciais. Em cada empresa, o estudo selecionou uma amostra de 59 mulheres inquiridas, a partir da população estudada para o estudo. A distribuição é apresentada na tabela de amostragem abaixo. Foi utilizada uma amostragem selectiva para selecionar 6 informadores-chave para o estudo de seis instituições que lidam com a horticultura de exportação, incluindo o Export Promotion Council (EPC), a Export Processing Zone (EPZA); o Flower Council of Kenya (FCK); o Ministério da Agricultura (MOA) e a Horticultural Crop Development Authority (HCDA).

Quadro 3.3: População da amostra

Especialização da empresa	Sem empresas	Total	Poluição por amostragem
Flores	37	79	26
Frutos	12	46	18
Legumes	10	55	15
Total	59	180	59

3.6 Métodos de recolha de dados

3.6.1 Questionário de inquérito

No que diz respeito ao papel do género no crescimento da indústria hortícola de exportação no Quénia, o estudo utilizou um questionário de inquérito administrado a cada membro da população da amostra. Os questionários tinham duas partes. A primeira parte era constituída por perguntas que procuravam conhecer a informação demográfica do inquirido. A segunda parte do questionário continha perguntas sobre o papel do género no crescimento da indústria hortícola de exportação no Quénia; estas incluíam as caraterísticas empresariais do género, as redes sociais baseadas no género e as inovações impulsionadas pelo género e o crescimento da indústria hortícola de exportação no Quénia.

O questionário continha perguntas abertas e fechadas. As perguntas fechadas forneceram respostas mais estruturadas para facilitar recomendações tangíveis. As perguntas fechadas foram utilizadas para testar a classificação de vários atributos, o que ajudou a reduzir o número de respostas relacionadas, de modo a obter respostas mais variadas. As perguntas abertas forneceram informações adicionais que podem não ter sido captadas nas perguntas fechadas.

O investigador aplicou o questionário individualmente a todos os inquiridos do estudo. O estudo teve o cuidado e o controlo de garantir que todos os questionários enviados aos investigadores fossem recebidos e, para tal, o estudo manteve um registo dos questionários enviados e recebidos.

3.6.2 Entrevistas com informadores-chave

Os informadores-chave foram os dirigentes e o pessoal do Ministério da Agricultura da região, como já foi referido na amostragem. Considera-se que estes indivíduos possuem uma opinião especializada sobre o assunto em investigação. O guia de entrevistas com informadores-chave (Anexo II) foi utilizado para recolher dados relativos ao papel do género no crescimento da indústria de horticultura de exportação no Quénia.

3.7 Teste piloto

O estudo efectuou um estudo-piloto para pré-testar e validar o questionário. Foi utilizada a metodologia do alfa de Cronbach, que se baseia na consistência interna. O alfa de Cronbach mede a média dos itens mensuráveis e a sua correlação. Isto está de acordo com a metodologia de conceção de investigação quantitativa utilizada neste projeto de investigação.

O objetivo do estudo-piloto era testar a fiabilidade dos questionários. De acordo com Ebrahim (2003), é necessário um teste-piloto para testar a fiabilidade dos instrumentos de recolha de dados. Cox (2000) explica que a fiabilidade da investigação consiste em determinar se a investigação mede verdadeiramente aquilo que se pretende medir ou até que ponto os resultados da investigação são verdadeiros. O estudo-piloto foi realizado para detetar pontos fracos na conceção e nos instrumentos e para fornecer dados de substituição para a seleção de uma amostra (Kuvaas, 2010).

O investigador selecionou um grupo piloto de 10 indivíduos da população-alvo para testar a fiabilidade do instrumento de investigação. Os dados do grupo-piloto não foram incluídos no estudo propriamente dito. O estudo-piloto permitiu o pré-teste do instrumento de investigação. A clareza dos instrumentos de investigação para os inquiridos foi estabelecida de modo a reforçar a validade e a fiabilidade do instrumento. O estudo-piloto permitiu ao investigador familiarizar-se com a investigação e o seu procedimento de administração, bem como identificar os itens que necessitavam de ser modificados. O resultado do estudo-piloto ajudou o investigador a corrigir as incoerências que se verificaram nos instrumentos, o que garantiu que mediam o que se pretendia

CAPÍTULO 4

INTERPRETAÇÃO E APRESENTAÇÃO DOS RESULTADOS

4.1 Introdução

Este capítulo aborda a interpretação e a apresentação dos resultados obtidos no terreno. O capítulo apresenta a informação de base dos inquiridos, os resultados da análise com base nos objectivos do estudo. Foram utilizadas estatísticas descritivas para apresentar os resultados do estudo. O estudo visou uma amostra de 59 inquiridos, dos quais 55 preencheram e devolveram os questionários, o que corresponde a uma taxa de resposta de 93,2%. Esta taxa de resposta foi satisfatória para tirar conclusões para o estudo, uma vez que actuou como um representante. De acordo com Mugenda e Mugenda (1999), uma taxa de resposta de 50% é adequada para análise e elaboração de relatórios; uma taxa de 60% é boa e uma taxa de resposta de 70% ou mais é excelente. Com base na afirmação, a taxa de resposta foi excelente

4.2 Informações gerais

Esta secção analisou as informações gerais dos inquiridos, tendo em conta, especificamente, a idade do inquirido, a sua qualificação académica mais elevada, a duração da sua atividade no sector da horticultura e a categoria das empresas.

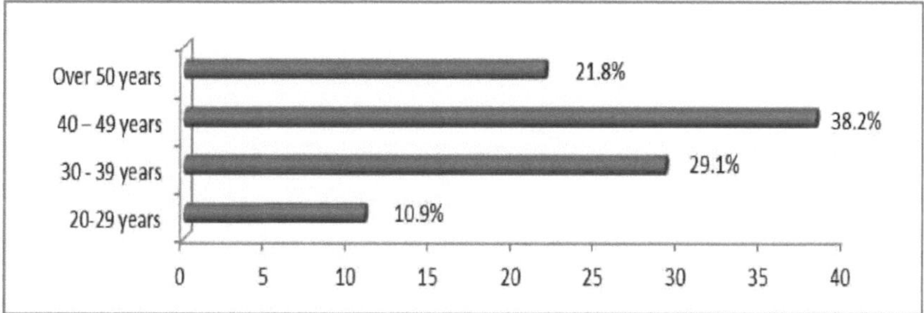

Figura 4.2: Idade dos inquiridos

O estudo solicitou aos inquiridos que indicassem as suas categorias de idade. Os resultados indicam que a maioria dos inquiridos, como mostra a tabela 4.2, tinha idades compreendidas entre os 40 e os 49 anos (38,2%), seguidos dos 30 e 39 anos (29,1%), dos 50 anos ou mais (21,8%) e, por último, dos 20 e 29 anos (10,9%). Isto significa que os inquiridos estavam bem distribuídos em termos de idade. Qualificação académica mais elevada

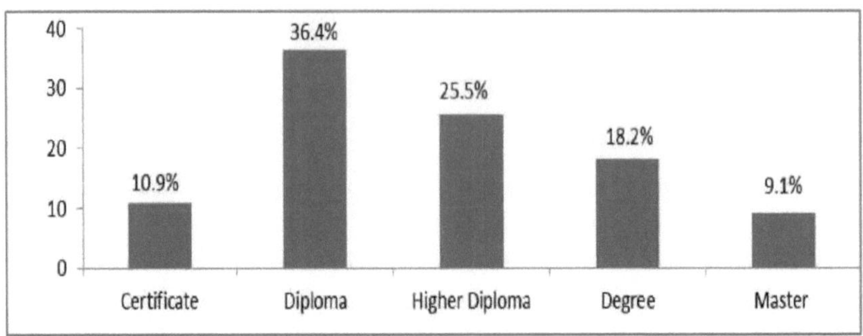

Figura 4.3: Qualificação académica mais elevada

O estudo solicitou aos inquiridos que indicassem o seu nível de ensino mais elevado. Os resultados indicam que a maioria dos inquiridos eram titulares de diplomas ordinários (36,4%), seguidos de titulares de diplomas superiores (25,5%), depois de titulares de licenciaturas (18,2%) e de certificados (10,9) e mestrados (9,1%), respetivamente. O elevado nível de educação é um testemunho do facto de a educação ser um ingrediente-chave no desenvolvimento das mulheres e no avanço da indústria hortícola.

Duração no sector da horticultura

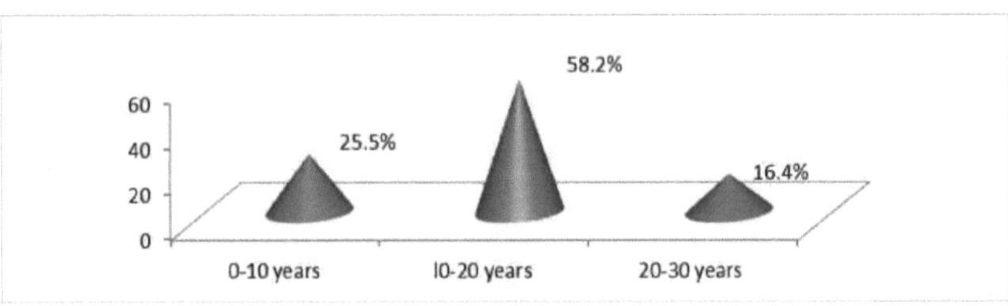

Quadro 4.4: Duração no sector da horticultura

O estudo procurou determinar o período durante o qual os inquiridos trabalharam na indústria hortícola. A maioria (58,2%) tinha estado entre 10-20 anos, 25,5% tinha

estavam no sector entre 0-10 anos, enquanto 16,4% estavam em atividade entre 20-30 anos. Isto significa que a maioria dos inquiridos estava no sector hortícola há um período de tempo considerável e, por conseguinte, estava em condições de fornecer informações credíveis relacionadas com este estudo.

Quadro 4.5: Categoria das empresas

Categoria de horticultura	Frequência	Percentagem
Flores	**25**	45.5
Frutos	**12**	21.8
Vegetais	**18**	32.7
Total	**55**	**100**

O estudo solicitou ao inquirido que indicasse a categoria a que pertencia a sua empresa. Dos resultados da investigação, 45,5% dos inquiridos indicaram que a sua empresa operava no sector das flores, 32,7% dos inquiridos indicaram que as suas empresas lidavam com legumes, enquanto 21,8% dos inquiridos indicaram que as suas empresas lidavam com frutas. Isto implica que as empresas que lidam com diferentes produtos hortícolas foram equitativamente envolvidas nesta investigação.

4.3 Caraterísticas empresariais de género e crescimento da horticultura de exportação

Esta secção procurou estabelecer a influência das caraterísticas empresariais de género no crescimento da indústria de horticultura de exportação no Quénia. O estudo procurou determinar os efeitos das caraterísticas empresariais do género no crescimento da indústria da horticultura. Os resultados são apresentados no quadro 4.4 abaixo.

Tabela 4.6: Efeitos das caraterísticas empresariais do género no crescimento da indústria hortícola

Opinião	Frequência	Percentagem
Sim	**51**	92.7
Não	**4**	7.3
Total	**55**	**100**

Quando se perguntou aos inquiridos se uma caraterística empresarial de género tem algum efeito na empresa, os resultados são os apresentados no quadro 4.4 acima. A maioria (92,7%) concordou que as caraterísticas empresariais de género afectam o crescimento da empresa na indústria hortícola, enquanto 7,3% dos inquiridos foram de opinião contrária. Isto implica que as caraterísticas empresariais do género têm efeitos positivos no crescimento da empresa na indústria da horticultura.

Numa análise mais aprofundada, a investigação pretendia descobrir até que ponto as caraterísticas empresariais do género influenciam o crescimento da indústria. Os resultados são apresentados no quadro 4.5 abaixo.

Quadro 4.7: Em que medida as caraterísticas empresariais do género influenciam o crescimento da indústria hortícola

Extensão	Frequência	Percentagem
Muito grande	19	34.5
Grande extensão	23	41.8
Extensão moderada	9	16.4
Menor extensão	4	7.3
Total	**55**	**100**

Os resultados indicam que a maioria (41,8%) dos inquiridos indicou que a influência era em grande medida, 34,5% dos inquiridos indicaram em grande medida, 16,4% dos inquiridos indicaram em medida moderada, enquanto 7,3% dos inquiridos indicaram em pequena medida. Isto implica que as caraterísticas empresariais do género influenciam em grande medida o crescimento da empresa no sector da horticultura.

O estudo revelou que as caraterísticas empresariais do género influenciam o crescimento da empresa na indústria da horticultura, através de várias formas de os diferentes géneros encararem o seu sucesso e crescimento, através da motivação do género e do seu nível de inteligência na gestão da sua empresa. O estudo estabeleceu também que as taxas de insucesso das empresas hortícolas pertencentes a mulheres são mais elevadas do que as pertencentes a homens. As razões atribuídas a este fracasso são o acesso limitado ao financiamento, os requisitos rigorosos em matéria de garantias e os papéis duplos das mulheres, entre outros.

O estudo procurou determinar em que medida as caraterísticas dos empresários influenciam o crescimento do sector da horticultura. Os resultados da investigação são apresentados no Quadro 4.6,

Quadro 4.8: Em que medida as caraterísticas do empresário influenciam o crescimento do sector da horticultura

	Discordo totalmente	Não concordo	Neutro	De acordo	Concordo plenamente	Média	Desvio padrão
as mulheres empresárias tendem a encarar o sucesso de forma diferente dos homens: os homens empresários tendem a medir o seu sucesso com base nas receitas, nas vendas e nos indicadores financeiros, enquanto as mulheres empresárias se concentram mais nos valores intrínsecos	1	0	5	28	21	4.24	0.24
As caraterísticas do género e a motivação para criar uma empresa influenciam o sucesso da sua empresa	2	2	1	34	16	4.09	0.29
As mulheres empresárias vêem o sucesso como a capacidade de controlar o seu próprio destino, enquanto os homens vêem o sucesso em termos de realização de objectivos e de rentabilidade financeira	2	1	3	31	18	4.13	0.26

Os empresários motivados por recompensas extrínsecas registam vendas e lucros mais elevados do que os empresários motivados por recompensas intrínsecas.	2	2	3	29	19	4.11	0.24
As mulheres empresárias iniciam as suas actividades mais tarde do que os homens	1	0	2	34	18	4.24	0.30
As diferenças de género na inteligência empresarial afectam o desempenho das suas empresas	2	2	1	30	20	4.16	0.26

O estudo procurou determinar em que medida as questões acima referidas afectam o crescimento das empresas na indústria da horticultura. Os resultados indicam que a maioria dos inquiridos concordou que: as mulheres empresárias iniciam as suas actividades mais tarde do que os homens; as mulheres empresárias tendem a encarar o sucesso de forma diferente dos homens; os homens empresários tendem a medir o seu sucesso com base nas receitas, nas vendas e nos indicadores financeiros, enquanto as mulheres empresárias se concentram mais nos valores intrínsecos, como mostra uma média de 4,24 em cada caso.

Por outro lado, a diferença de género na inteligência empresarial afecta o desempenho das suas empresas, como mostra uma média de 4,16. As mulheres empresárias entendem o sucesso como a capacidade de controlar o seu próprio destino, ao passo que os homens vêem o sucesso em termos de consecução de objectivos e de rentabilidade financeira, como mostra uma média de 4,13.

Além disso, os empresários motivados por recompensas extrínsecas registam vendas e lucros mais elevados do que os empresários motivados por recompensas intrínsecas, como mostra uma média de 4,11. As caraterísticas do género e a motivação para criar uma empresa influenciam o êxito da empresa, como mostra uma média de 4,09. O estudo concluiu também que as empresas de mulheres tendem a ter um desempenho inferior em termos de vendas, emprego e crescimento.

O estudo concluiu que as formas de melhorar as caraterísticas dos empresários para influenciar o crescimento das suas empresas no sector da horticultura passam por vários workshops, formação e também pelo incentivo a grupos de homens e mulheres no sector da horticultura. De um modo geral, verificou-se que as mulheres no Quénia enfrentam muitas barreiras socioculturais, jurídicas, familiares, falta de formação em gestão, acesso aos mercados e barreiras económicas que impedem o crescimento das suas empresas. Estas conclusões coincidem com as de Kinyanjui (2008), que concluiu que as empresárias tendem a encarar o sucesso de forma diferente dos seus homólogos masculinos. Shapero (1982) referiu as diferenças específicas de género nas definições de sucesso.

4.4 Género Redes sociais e crescimento da indústria hortícola de exportação

Relativamente às redes sociais de género e à sua influência no crescimento da indústria hortícola de exportação, as opiniões dos inquiridos são apresentadas no quadro 4.7 abaixo.

Quadro 4.9: Influência dos grupos sociais de género no crescimento da indústria hortícola

Opinião	Frequência	Percentagem
Sim	49	89.1
Não	6	10.9
Total	**55**	**100**

Quanto à questão de saber se as redes/grupos sociais de género influenciam ou não o crescimento da empresa no sector da horticultura, a maioria dos inquiridos (89,1%) concordou e (10,9%) discordou.

Além disso, o estudo procurou determinar em que medida as redes sociais afectam as tendências empresariais das empresas. Os resultados são apresentados no quadro 4.8 infra:

Quadro 4.10: Em que medida os grupos sociais influenciam o crescimento do sector da horticultura

Extensão	Frequência	Percentagem
Muito grande	**10**	18.2
Grande extensão	**35**	63.6
Extensão moderada	**7**	12.7
Menor extensão	**3**	5.5
Total	**55**	**100**

Os resultados mostram que a maioria (63,6%) dos inquiridos indicou em grande medida, 18,2% indicaram em grande medida, 12,7% indicaram em medida moderada, enquanto 5,5% dos inquiridos indicaram em pequena medida. Isto implica que os grupos sociais influenciam em grande medida o crescimento da empresa no sector da horticultura.

O estudo estabeleceu ainda que as estruturas sociais, como o trabalho, a família e a vida social organizada das mulheres quenianas, influenciam a abordagem adoptada na criação de empresas. Estas estruturas tiveram um impacto na capacidade das mulheres para explorar os seus atributos empresariais, participar em redes sociais e, consequentemente, fazer crescer as suas empresas. O estudo concluiu que os grupos sociais influenciam o crescimento das empresas no sector da horticultura, através do acesso à informação, do acesso ao financiamento, de economias de escala através da produção conjunta, do acesso a factores de produção agrícola e também do acesso ao mercado para os seus produtos. Um informador-chave observou o seguinte "*Neste sector, é importante ter amigos próximos que nos possam ajudar em momentos de necessidade e até mesmo ajudar a obter o mercado para os nossos produtos*" (um funcionário do Ministério da Agricultura).

Quanto à medida em que alguns atributos sociais específicos influenciam as caraterísticas empresariais, os resultados são apresentados no quadro 4.9:

Quadro 4.11: Em que medida as redes sociais do género influenciam o crescimento da indústria hortícola

	Discordo totalmente	Não concordo	Neutro	De acordo	Concordo plenamente	Média	Desvio padrão
as redes informais e as associações desempenham múltiplos papéis na prestação de serviços e são vias de mobilização de financiamento social que influenciam o crescimento das empresas	1	0	4	32	18	4.20	0.28
Diferenças de género nas redes e associações desempenham um papel importante na produção, redistribuição, proteção e transformação da sociedade e dos mercados.	1	1	3	33	17	4.16	0.29
As diferenças de género nas redes influenciam o seu acesso ao crédito, o que tem influência na desempenho das suas empresas	0	2	3	35	15	4.15	0.30
A diferença de género no investimento social afecta a a rendibilidade da sua empresa	1	0	4	34	16	4.16	0.30
As caraterísticas do género empresarial influenciam os seus investimentos em infra-estruturas, o que afecta a desempenho da sua empresa	1	2	2	29	21	4.22	0.25

O estudo estabeleceu a medida em que os aspectos acima referidos da rede social de género influenciam o crescimento da empresa empreendedora na indústria da horticultura. A maioria dos inquiridos concordou que as caraterísticas do género empresarial influenciam a sua infraestrutura de investimento, o que, por sua vez, afecta o desempenho da sua empresa, como mostra uma média de 4,22. "*É muito importante e fundamental ser membro de um grupo social que ajude a inovar e a identificar potenciais áreas de crescimento no sector*" (um funcionário da Zona de Exportação).

As redes e associações informais desempenham múltiplos papéis na prestação de serviços e são vias de mobilização de financiamento social que influenciam o crescimento da empresa, como mostra a média de 4,20. Ao mesmo tempo, as diferenças de género nas redes e associações desempenham um papel importante na produção, redistribuição, proteção e transformação da sociedade e dos mercados, como mostra a média de 4,17. Além disso, a diferença de género nas redes e associações desempenha um papel importante na produção, redistribuição, proteção e transformação da sociedade e dos mercados e afecta a rentabilidade da sua empresa, como mostra uma média de 4,16 em cada caso.

No que diz respeito ao crédito, os inquiridos observaram que as diferenças de género nas redes influenciam o seu acesso ao crédito, o que tem influência no desempenho das suas empresas, como mostra uma média de 4,15. O estudo foi também informado de que o governo deve prestar atenção às desigualdades enfrentadas pelas mulheres nas empresas e incentivar as jovens empresárias a "acreditarem em si próprias, levantarem as mãos, sentarem-se à mesa, assumirem riscos e apoiarem-se mutuamente".

O estudo revelou que havia necessidade de organizar os agricultores em vários grupos que os ajudariam a aceder a financiamento, mercado, informação e insumos agrícolas. Desta forma, a criação de redes sociais melhoraria o crescimento da empresa no sector da horticultura. As conclusões deste estudo coincidem com as conclusões de Kinyanjui (2007), que concluiu que as redes de género são importantes para a produção, a redistribuição, a proteção e a transformação da sociedade e dos mercados. O papel destas redes e associações na coordenação do mercado e na transformação da sociedade não tem sido reconhecido pelos académicos, decisores políticos e profissionais do desenvolvimento (Kinyanjui, 2008).

4.5 Género Inovação e crescimento da horticultura de exportação

No que diz respeito à influência das inovações orientadas para o género no crescimento da indústria da horticultura de exportação no Quénia, os resultados são apresentados no quadro 4.10 abaixo

Quadro 4.12: A criatividade do género influencia o crescimento do sector da horticultura

Opinião	Frequência	Percentagem
Sim	**50**	90.9
Não	**5**	9.1
Total	**55**	**100**

O estudo procurou determinar se a criatividade em termos de género tem influência no crescimento da empresa no sector da horticultura. Os resultados indicam que a maioria (90,9%) dos inquiridos concordou que a criatividade de género afecta o crescimento da empresa no sector da horticultura, enquanto 9,1% dos inquiridos foram de opinião contrária.

O estudo procurou determinar em que medida o género influencia o crescimento da horticultura

indústria, os resultados são apresentados no quadro 4.11

Quadro 4.13: Em que medida a criatividade de género influencia o crescimento do sector da horticultura

Extensão	Frequência	Percentagem
Muito grande	**13**	23.6
Grande extensão	**33**	60.0
Extensão moderada	**6**	10.9
Menor extensão	**3**	5.5
Total	**55**	**100**

Quanto à medida em que a criatividade de género influencia o crescimento da empresa, 60% dos inquiridos indicaram que isso acontece em grande medida, 23,6% dos inquiridos indicaram em grande medida, 10,9% dos inquiridos indicaram em medida moderada, enquanto 5,5% dos inquiridos indicaram em pequena medida.

Isto implica que a criatividade em termos de género influencia em grande medida o crescimento da empresa no sector da horticultura.

O estudo revelou que a criatividade em termos de género influencia o crescimento das empresas empreendedoras no sector da horticultura, embora o método alternativo de financiamento da sua empresa e os métodos alternativos de preservação influenciem o crescimento da sua empresa.

Entre os obstáculos estruturais importantes que impedem as mulheres de beneficiarem da orientação comercial, contam-se: o acesso limitado das mulheres e das raparigas à educação e às competências, incluindo nos domínios educativos de ponta; a discriminação das mulheres no controlo dos recursos económicos e financeiros, dos activos produtivos e no acesso aos serviços financeiros; e o acesso limitado das mulheres às novas tecnologias de produção, formação, informação e comercialização (KII - funcionário de extensão do Ministério da Agricultura)

O estudo procurou determinar o nível de concordância dos inquiridos em relação às afirmações sobre a influência da inovação em matéria de género no crescimento da indústria hortícola. Os resultados são apresentados no quadro 4.12:

Quadro 4.14: Em que medida o género influencia o crescimento da indústria hortícola

Declarações	Discordo totalmente	Não concordo	Neutro	De acordo	Concordo plenamente	Média	Desvio padrão
A capacidade de inovação do género durante a transformação influencia o crescimento da sua empresa	1	2	2	37	13	4.07	0.32
O género do empresário afecta a sua inovação de novos mercados que influenciam o crescimento da sua empresa	0	2	5	30	18	4.16	0.25
No sector da horticultura, o carácter inovador do género na escolha de métodos alternativos de conservação influencia o crescimento da sua empresa	1	3	3	28	20	4.15	0.23
As diferenças de género no acesso a novas informações sobre as exigências do mercado, o desenvolvimento e a comercialização influenciam o crescimento da sua empresa	0	2	4	31	18	4.18	0.27

Sobre a extensão da influência, a maioria dos inquiridos concordou que: a diferença de género no acesso a novas informações sobre as exigências do mercado, o desenvolvimento e a comercialização influenciam o crescimento da sua empresa, como mostra uma média de 4,18. Na indústria da horticultura, as inovações de género na escolha de métodos alternativos de preservação influenciam o crescimento da sua empresa, como mostra uma média de 4,15. A inovação de género durante a transformação influencia o crescimento das empresas, com uma média de 4,07.

O estudo também estabeleceu que, se o governo continuar a envidar esforços para incluir as mulheres empresárias nas actividades relacionadas com o comércio e o investimento, deverá também ser capaz de criar um diretório de mulheres empresárias e um inventário das empresas detidas por mulheres com potencial de exportação. Brush et al. (2006) concluíram que a capacidade de inovação na horticultura de exportação está ancorada nestas três fases. O estudo concluiu que as diferenças entre os géneros no acesso a novos conhecimentos e nas exigências do mercado, no desenvolvimento ou na comercialização são maiores do que as das mulheres.

4.6 Crescimento do sector da horticultura

Esta secção apresenta os resultados da investigação sobre o crescimento da indústria da horticultura de exportação no Quénia. O estudo revelou que as caraterísticas do género, a inovação e a criatividade do género e o envolvimento do género influenciam o crescimento da empresa no sector da horticultura.

O estudo procurou determinar o nível de concordância dos inquiridos sobre as afirmações relativas ao crescimento da indústria hortícola de exportação no Quénia. Os resultados são apresentados no quadro 4.13 abaixo;

Quadro 4.15: Em que medida o género influencia o crescimento da indústria hortícola

Declarações	Discordo totalmente	Não concordo	Neutro	Concordo	Concordo plenamente	Média	Desvio padrão
Inteligência	0	1	2	32	20	4.29	0.28
Locus de controlo interno	1	0	0	28	26	4.42	0.25
Acesso ao crédito e ao mercado	0	1	3	36	15	4.18	0.32
Investimento em infra-estruturas	1	2	1	30	21	4.24	0.26
Acrescento de valor através do processo	1	2	3	30	19	4.16	0.25
Escolha de sementes, variedade de culturas	0	0	0	33	22	4.40	0.30
Fonte de crédito e crédito e financiamento	0	1	0	35	19	4.31	0.32

O estudo determinou em que medida os aspectos do género acima referidos influenciam o crescimento da empresa na indústria da horticultura. Os resultados indicam que os seguintes aspectos tiveram um certo grau de efeitos, como se segue: locus interno de controlo, com uma média de 4,42; escolha de sementes e variedade de culturas, com uma média de 4,40; fonte de crédito e financiamento, com 4,31; inteligência, com uma média de 4,29; investimento em infra-estruturas, com uma média de 4,24; acesso ao crédito e ao mercado, com uma média de 4,18; valor acrescentado através do processo, com uma média de 4,16.

O estudo refere ainda que o governo deve ajudar as mulheres empresárias e os pequenos produtores dos sectores exportadores a desenvolverem a sua estratégia de exportação e a formarem alianças entre si, de modo a utilizarem a sua capacidade de produção colectiva para obterem e satisfazerem grandes encomendas de compradores internacionais.

As políticas de promoção das exportações e importações numa perspetiva de género podem ajudar a aumentar a participação favorável das mulheres no comércio internacional (Nota de um funcionário do Flower Council of Kenya)

CAPÍTULO 5

RESUMO DOS RESULTADOS, CONCLUSÕES E RECOMENDAÇÕES

5.2.1 Caraterísticas empresariais

O estudo revelou que as caraterísticas empresariais do género afectam em grande medida o crescimento da empresa no sector da horticultura. O estudo estabeleceu também que as taxas de insucesso das empresas hortícolas pertencentes a mulheres são mais elevadas do que as dos homens. As razões para este facto são o acesso limitado ao financiamento, os requisitos rigorosos em matéria de garantias e os deveres duplos das mulheres, entre outros. As mulheres empresárias iniciam as suas actividades mais tarde do que os homens. As mulheres empresárias tendem a encarar o sucesso de forma diferente dos seus homólogos masculinos; os homens empresários tendem a medir o seu sucesso com base em receitas, vendas e indicadores financeiros, enquanto as mulheres empresárias se concentram mais em valores intrínsecos.

A diferença de género na inteligência empresarial afecta o desempenho das suas empresas. As mulheres empresárias entendem o sucesso como a capacidade de controlar o seu próprio destino, ao passo que os homens o vêem em termos de cumprimento de objectivos e de rentabilidade financeira. Além disso, os empresários motivados por recompensas extrínsecas registam vendas e lucros mais elevados do que os empresários motivados por recompensas intrínsecas. As caraterísticas de género e a motivação para criar uma empresa influenciam o sucesso da empresa.

O estudo estabeleceu igualmente que as empresas das mulheres tendem a ter um desempenho inferior em termos de vendas, emprego e crescimento, em comparação com as dos homens. Em geral, as mulheres no Quénia enfrentam muitas barreiras socioculturais, jurídicas e familiares, falta de formação em gestão e acesso aos mercados e barreiras económicas que impedem o crescimento das suas empresas.

Para aumentar o número de mulheres empresárias, é essencial implementar políticas que aumentem o capital humano e o acesso ao capital financeiro, tais como programas de formação empresarial e de assistência ao crédito.

5.2.3 Rede social

O estudo revelou que os grupos sociais de género afectam em grande medida o crescimento da empresa empresarial no sector da horticultura. O estudo estabeleceu igualmente que as estruturas sociais, como o trabalho, a família e a vida social organizada das mulheres quenianas, influenciam a abordagem adoptada na criação de empresas e têm impacto na capacidade das mulheres para explorarem os seus atributos empresariais, participarem em redes sociais e, consequentemente, fazerem crescer as suas empresas.

As redes sociais de género influenciam o seu investimento em infra-estruturas, o que afecta o desempenho da sua empresa, as redes informais e as associações desempenham múltiplos papéis na prestação de serviços e na mobilização de financiamento social, o que influencia o crescimento da empresa. As redes informais e as associações desempenham múltiplos papéis na prestação de serviços e na mobilização de financiamento social que influenciam o crescimento das empresas. As diferenças de género nas redes e associações desempenham um papel importante na produção, redistribuição, proteção e transformação da sociedade e dos mercados. As diferenças de género no investimento social afectam a rentabilidade das empresas, bem como o acesso ao crédito, que tem influência no desempenho das empresas.

O estudo também estabeleceu que o governo deve prestar atenção às desigualdades enfrentadas pelas mulheres nas empresas e incentivar as mulheres jovens e enérgicas a "acreditarem em si próprias, levantarem as mãos, sentarem-se à mesa, assumirem riscos e apoiarem-se mutuamente". As políticas e práticas comerciais têm efeitos diferentes nos homens e nas mulheres, devido às diferenças de papéis, responsabilidades, direitos e oportunidades que a sociedade atribui aos homens e às mulheres. Por conseguinte, faz sentido, do ponto de vista económico, prestar atenção a estas diferenças de género, a fim de maximizar a eficácia do comércio."

As redes e associações constituem, por conseguinte, um fórum importante através do qual as mulheres empresárias podem encetar um diálogo bem ponderado com o governo sobre a política e as práticas comerciais. Através desse diálogo, as mulheres podem instar os governos a abordar as dimensões de género no comércio, a chamar a atenção para a necessidade de prestar atenção às diferentes necessidades e interesses dos homens e das mulheres ao desenvolver políticas comerciais e a fazer recomendações práticas sobre o que deve ser feito para ter em conta as necessidades e os interesses das mulheres, uma vez que estes têm sido geralmente ignorados. Estas redes podem também permitir que as mulheres das PME desempenhem um papel mais ativo na formulação da política comercial nacional. Através destas redes, é também possível identificar e abordar as reformas estruturais necessárias para tornar os serviços de crédito acessíveis.

Outra iniciativa que as mulheres podem empreender é trabalhar através de associações e redes para garantir e entregar grandes encomendas e, através das mesmas redes, obter feedback sobre se as encomendas são fornecidas com sucesso aos mercados e, caso contrário, identificar os problemas encontrados. Para tal, seria necessário reforçar as capacidades das associações e das redes.

5.2.4 Inovação

O estudo revelou que a criatividade de género afecta em grande medida o crescimento da empresa na indústria da horticultura. A diferença de género no acesso a novas informações sobre as exigências do mercado afecta a capacidade de inovação, o desenvolvimento e a comercialização. Isto, por sua vez, influencia o crescimento das suas empresas. A inovação de novos mercados e técnicas de transformação influencia o crescimento das empresas e a escolha de métodos alternativos de conservação.

O estudo determinou que os seguintes aspectos influenciam em grande medida o crescimento da empresa empreendedora na indústria da horticultura: locus interno de controlo, escolha de sementes, variedade de culturas, fonte de crédito e financiamento, investimento em infra-estruturas de informação, acesso ao crédito e ao mercado, adição de valor através do processo.

5.2.5 Recomendações políticas

- criar mecanismos e outros fóruns que permitam às mulheres empresárias e às mulheres trabalhadoras contribuir para a formulação de políticas e programas desenvolvidos pelos ministérios da economia e pelas instituições financeiras incentivar os governos nacionais a manterem diálogos regulares com as organizações de mulheres como parte do seu processo de elaboração de posições negociais

- O estudo recomenda que as mulheres que trabalham no sector da horticultura devem procurar formar redes interpessoais fortes, especialmente nas fases iniciais da formação da sua empresa. Este facto pode ser de grande ajuda no financiamento e na obtenção dos recursos iniciais necessários para a criação de novas empresas.

- A fim de encorajar as mulheres a exercerem uma atividade empresarial, o estudo recomenda que o governo do condado de Machakos procure criar condições óptimas para que as mulheres se aventurem no mundo dos negócios.

- O governo do condado precisa de fornecer ferramentas e abordagens personalizadas para reforçar as capacidades das mulheres para iniciar e criar empresas sustentáveis.

- É necessário lançar programas que aumentem o conhecimento sobre as mulheres no domínio do empreendedorismo e proporcionem uma plataforma para as suas vozes na elaboração de políticas.

- O governo, através do governo do condado, deve incentivar a colaboração com o ministério da devolução e do planeamento, de modo a organizar coletivamente programas de capacitação empresarial. Isto induzirá mais mulheres a entrar no negócio da horticultura.

- É necessário proporcionar uma formação adequada às mulheres empresárias, bem como dar-lhes ideias de negócio, o que incentivará a inovação no sector empresarial.

- O estudo recomenda que o governo ajude as mulheres empresárias e os pequenos produtores nos sectores de exportação a desenvolverem a sua estratégia de exportação e a formarem alianças entre si, de modo a poderem utilizar a sua capacidade de produção colectiva para procurar e satisfazer grandes encomendas de compradores internacionais.

REFERÊNCIAS

AAWORD (2010). Análise de desempenho da política de empreendedorismo: Que incubadoras de empresas geram os níveis mais elevados de desempenho económico? *Frontiers of Entrepreneurship Research* 30(18) vol 1.

Akua Duncan, Beatrice. maio de 2004. Women in Agriculture in Ghana. Fundação Friedrich Ebert. Accra.pg 80 e Farming First. "The Female Face of Farming." http://www.farmingfirst.org/women/

Audretsch, D., Keilbach, M. e Lehmann, E. (2006). *Entrepreneurship and Economic Growth.* Oxford: Oxford University Press.

Brush, C. N., Gatewood, E., Greene, P. e Hart, M. (2006). *Women's Entrepreneurship in the United States. Growth-Oriented Women Entrepreneurs and Their Businesses.* Cheltenham, Reino Unido: Edward Elgar.

Buss, D.M. (2002). Human mate guarding. Cartas de Neuroendocrinologia, 23, 23-29

Buttner, E. (2001). "Examining Female Entrepreneurs' Management Style: an Application of Relational Frame", *Journal of Business Ethics,* 29 (3), 253-270

Buttner, E. Holly e Dorothy P. Moore. 1997. "Women's Organizational Exodus to Entrepreneurship: Self-reported Motivations and Correlates with Success". *Journal of Small Business Management* 35(1):34-35

Calâs, M., Smircich, M., Bourne, K. (2007). "Knowing Lisa? Feminist Analysis of "Gender and Entrepreneurship", in *Handbook of Women in Business and Management.* . D. Bilimoria e S.K. Pederit (Eds.). Celtenham, Reino Unido: Edward Elgar

Catalisador. (2007). *Catalyst Census of Women Corporate Officers and Top Earners of the Fortune 500* (estudo de caso em linha). <http://catalyst.org/publication/263/2005- catalyst-census-of-women-corporate-officers-and-top-earners-of-the-fortune-500>. Acedido em 26 de janeiro de 2013.

Chaganti, R. (1996), "Management in Women-owned Enterprises", *Journal of Small Business Management*

Chesbrough, H., (2003). A Era da Inovação Aberta. MIT Sloan Management Review, 35-41.

Chen, Martha Alter, Joann Vanek e Marilyn Carr. (2006). *Mainstreaming Informal Employment and Gender in Poverty Reduction (Integração do Emprego Informal e do Género na Redução da Pobreza).* Secretariado da Commonwealth, Londres.

Collier, Paul (dezembro de 1988). Women in Development: Defining the Issues. Banco Mundial

Cox, C. (2000) 'Women and business in eighteenth-century Dublin: a case study, 17501800' In: Bernadette Whelan (eds). *Women and Paid Work 1500-1930.* Dublin: Four Courts Press.

Dolan, C., & Humphrey, J. (2000). Governance and trade in fresh vegetables: the impact of UK supermarkets on the African horticulture industry. Journal of Development Studies,37(2),147-176

Export Processing Zone Authority (EPZA) (2010).*The Horticulture Industry in Kenya.* EPZA, Nairobi, Quénia

Fairlie, R. W., & Robb, A. M. (2008). Race and entrepreneurial success: Black-, Asian-, and white-owned businesses in the United States [Empresas de propriedade de negros, asiáticos e brancos nos Estados Unidos]. Cambridge, Massachusetts: MIT Press.

Fagenson, E(1993): Terceived Masculine and Feminine Attributes Examined as a Function of Individuals' Sex and Level in the Organizational Power Hierarchy: A Test of Four Theoretical Perspectives', Journal of Applied Psychology

Associação de Produtos Frescos do Quénia (FPEAK, 2010): Relatório Anual de 2010. FPEAK, Nairobi Quénia

Corporação para o Desenvolvimento da Horticultura do Quénia (HCDA, 2011). *The Annual Report.* recuperado de http.*www.hcda.co.ke* acedido em 10th agosto de 2012

Hyden, G. (1980). Beyond Ujamaa in Tanzania: Underdevelopment and an Uncultured Peasantry. University of California Press, Berkeley, CA.

Henderson,Helen(1986).'The grassroots women's committee as a development strategy in an upper Volta village'In Lucy E, Creevey ed, Women farmers in Africa: Rural

Development in Mali and the Sahel, Syracuse, New York. Syracuse University Press

Helmke, G e Steven, L. (2003). "Instituições informais e política comparada: A research agenda". *Perspectives on Politics*, Vol. 2, No. 4, pp.

Hever, S., (2006), "Unemployment in Israel's History and Today", Centro de Informação Alternativa (AIC)

Honohan, P. e T. Beck. (2007). "Making Finance Work for Africa", Banco Mundial, Washington, DC

Kibas P.B (2006). Women in entrepreneurs: Analysis of factors influencing growth oriented women entrepreneurs in rural Kenya, documento apresentado na 3ª Conferência Internacional sobre Empreendedorismo organizada pela United States International University (USIU), Nairobi

Kinyanjui, M. (2012) *Vyama Institutions of Hope*; *Ordinary Peoples Market Coordination And Organisation (Instituições de Esperança de Vyama*; *Coordenação e Organização do Mercado Popular Comum*) Nsemiah Publishers USA

Kinyanjui, M. (2008). *Is Informal Setor the Path to Urban Socio-Economic Change in Nairobi, Kenya?* Documento de trabalho n.º 4. Centro de Desenvolvimento Internacional (IDC), Universidade Aberta, Milton Keynes.

Kinyanjui. M (2007). "Sistemas de produção emergentes no desenvolvimento convencional: Experiências da economia jua kali no Quénia". *Umoja: Boletim do Programa de Estudos Africanos e Afro-Americanos*, Grand Valley State University, Vol. 2, No. 2, pp. 27-35.

KNBS (2011)*: Inquérito Económico Nacional*, Gabinete Nacional de Estatística do Quénia, Impressoras do Governo, Nairobi

Kombo, D. & Tromp, D. (2006). *Escrita de propostas e teses: An Introduction.* Nairobi, Pauline Publications Africa.

Kothari, C. (2004). *Research Methodology, Methods and Techniques (Revised Edition),* Delhi, Índia, New Age International Publishers.

Krueger, N. & Brazeal, D. (1994). Entrepreneurial potential and potential entrepreneurs. *Entrepreneurship Theory and Practice*, 18, 91-105.

Kuvaas, B. (2010), The interactive role of performance appraisal reactions and regular feedback.Journal of Managerial Psychology. 26(2): 123-127. DOI: 10.1108/02683941111102164

Lewis,W.A.(1954) "Economic development with unlimited supply of labour".The Manchester school of economic and social studies,22(2):13-91

Manu, T., (1998).As mulheres no desenvolvimento de África: Overcoming Obstacles, Pushing for Progress, Africa Recovery Briefing Paper, No 11, 1998

McCormick, Dorothy & Ouve, P (2003). *Small Enterprises: Flexibility and Networking in an African Context.* Longhorn Kenya, Nairobi.

McCulloch, N. e Ota, M. (2002) "Title", 174. Londres: Instituto de Estudos para o Desenvolvimento

Mugenda MO, Mugenda AG (1999). Métodos de investigação. Abordagens quantitativas e qualitativas, Nairobi: Centro Africano de Estudos Tecnológicos (ACTS)

Nelson, J. (2007). *Building Linkages for Competitive and Responsible Entrepreneurship.* UNIDO e Centro Mossava-Rahmani para Negócios e Governo, Universidade de Harvard.

On-line innovation: the case of open source software development (com S. Vujovic). Jornal Europeu de Gestão da Inovação, 11(1), 142-156, 2008.

República do Quénia, (2003). *Estratégia de recuperação económica para a criação de riqueza e emprego.* Nairobi: Government Printer.

República do Quénia (2005). *Visão 2030 do Quénia.* Impressoras do Governo. Nairobi Quénia

República do Quénia (2008a). Relatório analítico: Inquérito às Forças de Trabalho 2005-06. Gabinete Central de Estatística: Ministério do Planeamento e do Desenvolvimento Nacional. Nairobi: Impressora do Governo.

República do Quénia, 2010.The Constitutionof Kenya, 2010.Nairobi: The Government Printer

República do Quénia, (2011). *Inquérito económico.* Nairobi, Quénia. Impressoras do Governo. Nairobi Quénia

Rathgeber, Eva M. (1990). WID, WAD, and GAD: Trends in Research and Practice", The

Journal of Developing Areas, Vol. 24, No. 4 (julho): 489-502

Romano, C. 1994. "It Looks Like Men are from Mars, Women are from Venus", Management Review, 83 (10), 7-9.

Shane, S. (2008) "The Illusion of Entrepreneurship: The Costly Myths That Entrepreneurs, Investors, and Policy Makers Live By", Yale University Press

Shapero, A. (1982). Social Dimensions of Entrepreneurship. In *The Encyclopedia of Entrepreneurship*. . C. Kent, D.L. Sexton, K.H. Vesper (Eds.). Englewood Cliffs NJ: Prentice-Hall, 72-90

Sociedade para o Desenvolvimento Internacional (2010). Kenya Vision 2030: An Audit From An Income and Gender Inequalities Perspectives (Visão 2030 do Quénia: Uma Auditoria na Perspetiva do Rendimento e das Desigualdades de Género). Sociedade para o Desenvolvimento Internacional, Nairobi, Quénia

Stotsky, J., 2006b, "Gender and Its Relevance to Macroeconomic Policy: A Survey", Documento de Trabalho do FMI 06/233 (Washington).

Strickland, R. 2004. "To Have and To Hold: Women's Property Rights in the Context of HIV/AIDS in sub-Saharan Africa". Documento de Trabalho da ICRW, junho. ICRW, Washington, D.C.

UNCTAD (2003)*: The African Growth and Opportunity Act: A Preliminary Assessment*. Nova Iorque e Genebra: Nações Unidas.

UNCTAD (2006): Promoting TNC-SME linkages to enhance the productive capacity of developing countries' firms: A policy perspective. Genebra: Nações Unidas.

Nações Unidas (2001) Guidelines on women's empowerment for the UN Resident CoordinatorSystem. Secretariado da Task Force Inter-Agências das Nações Unidas para a Implementação do Programa de Ação da CIPD. New York: Nações Unidas

Banco Mundial, (2011). *Atualização económica do Quénia*. Banco Mundial, Quénia

APÊNDICES

Appendix I: Formulário de consentimento informado

Guia de informação dos participantes

PAPEL DO GÉNERO NO CRESCIMENTO DA INDÚSTRIA HORTÍCOLA DE EXPORTAÇÃO NO QUÉNIA: UM CASO DO CÍRCULO ELEITORAL DE YATAA, CONDADO DE MACHAKOS

Investigador: Betty Mutua

As informações contidas nesta parte destinam-se a ajudá-lo a compreender este estudo, a fim de lhe permitir dar o seu consentimento voluntário e informado para participar. Leia-as atentamente antes de assinar o formulário de consentimento

Caro participante,

Está convidado a participar num estudo que está atualmente a ser realizado para explorar o **PAPEL DO GÉNERO NO CRESCIMENTO DA INDÚSTRIA HORTICULTURAL DE EXPORTAÇÃO NO QUÉNIA: UM CASO DA CONSTITUIÇÃO DE YATAA, CONDADO DE MACHAKOS**.

Compreendi o objetivo e o conteúdo do estudo para o qual me foi solicitada a participação. Foi-me dada uma explicação escrita e verbal do que se espera de mim. Além disso, dou o meu consentimento para participar livremente no estudo, sem qualquer coação.

A seguir, apenso a minha assinatura/impressão do polegar como prova da minha vontade de participar livremente neste estudo.

Número do participante ______________________________

Assinatura ____

Data:

Appendix II: Questionário de inquérito

Introdução

O investigador pretende determinar as influências do género no crescimento da indústria de horticultura de exportação no Quénia, com especial incidência no distrito eleitoral de Yataa, no condado de Machakos. Solicita-se ao inquirido que dê uma resposta correta e independente. Note-se que todas as informações obtidas através deste questionário são estritamente confidenciais e serão utilizadas para fins académicos.

NOTA: (Assinalar a casa adequada ou preencher o espaço previsto para o efeito, consoante o caso).

INFORMAÇÕES GERAIS

1. A que escalão etário pertence (anos)

20-29

30 - 39 ☐

40 - 49

Mais de 50 anos

2. Qual é o seu género?

Masculino

Feminino

3. Qual é a sua qualificação académica mais elevada?

Certificado

Diploma

Diploma Superior

Grau

Mestre

Doutoramento

4. Há quanto tempo está no sector da horticultura?

0-10

10-20

20-30

30-40

5. A que categoria do sector da horticultura pertence a sua empresa? pertencer?

Flores

Frutos

Vegetais

CARACTERÍSTICAS EMPRESARIAIS

6. A caraterística empreendedora do género influencia o crescimento da empresa empreendedora no sector da horticultura?

Sim ( )

Não ( )

7. Em que medida a caraterística empresarial do género influencia o crescimento da empresa empreendedora no sector da horticultura?

Muito grande ( )

Grande extensão ( )

Extensão moderada ( )

Menos extensão ( )

De modo algum ( )

8. Como é que uma caraterística empresarial de género influencia o crescimento de uma empresa empreendedora no sector da horticultura?

9. Em que medida concorda com os seguintes aspectos das caraterísticas do empresário que influenciam o crescimento da empresa no sector da horticultura? **1. Discordo totalmente 2. Discordo 3. Neutro 4. Concordo 5. Concordo plenamente**

	1	2	3	4	5
as mulheres empresárias tendem a encarar o sucesso de forma diferente dos homens: os homens empresários tendem a medir o seu sucesso com base nas receitas, nas vendas e nos indicadores financeiros, enquanto as mulheres empresárias se concentram mais nos valores intrínsecos					
As caraterísticas do género e a motivação para criar uma empresa influenciam o sucesso da sua empresa					
As mulheres empresárias vêem o sucesso como a capacidade de controlar o seu próprio destino, enquanto os homens vêem o sucesso em termos de realização de objectivos e de rentabilidade financeira					
Os empresários motivados por recompensas extrínsecas registam vendas e lucros mais elevados do que os empresários motivados por recompensas intrínsecas.					
As mulheres empresárias iniciam as suas actividades mais tarde do que os homens					
As diferenças de género na inteligência empresarial afectam o desempenho das suas empresas					

10. Sugerir formas práticas de melhorar as caraterísticas dos empresários, a fim de influenciar o crescimento das empresas empreendedoras no sector da horticultura?

REDE SOCIAL

11. Os grupos sociais de género influenciam o crescimento de empresas empreendedoras no sector da horticultura?

Sim ( )

Não ( )

12. Em que medida é que um grupo social influencia o crescimento de uma empresa no sector da horticultura?

Muito grande ( )

Grande extensão ( )

Extensão moderada ( )

Menor extensão ( )

De modo algum ( )

13. Como é que um grupo social influencia o crescimento de uma empresa empreendedora no sector da horticultura?

14. Em que medida concorda com os seguintes aspectos da influência das redes sociais no crescimento das empresas do sector da horticultura? **1. Discordo totalmente 2. Discordo 3. Neutro 4. Concordo 5. Concordo plenamente**

	1	2	3	4	5
as redes informais e as associações desempenham múltiplos papéis na prestação de serviços e são vias de mobilização de financiamento social que influenciam o crescimento das empresas					
As diferenças de género nas redes e associações desempenham um papel importante na produção, redistribuição, proteção e transformação da sociedade e dos mercados					
As diferenças de género nas redes influenciam o seu acesso ao crédito, o que tem influência no desempenho das suas empresas					
A diferença de género no investimento social afecta a rentabilidade da empresa					
O género do empresário influencia o seu investimento em infra-estruturas, o que afecta o desempenho da sua empresa					

15. Sugerir formas práticas de melhorar as redes sociais, a fim de influenciar o crescimento das empresas empreendedoras no sector da horticultura?

INOVATIVIDADE

16. A criatividade de género influencia o crescimento de empresas empreendedoras no sector da horticultura?

Sim ( )

Não ( )

17. Em que medida a criatividade de género influencia o crescimento de empresas empreendedoras no sector da horticultura?

Muito grande ( )

Grande extensão ( )

Extensão moderada ( )

Menos extensão ( )

De modo algum ( )

18. Como é que a criatividade de género influencia o crescimento de empresas empreendedoras no sector da horticultura?

19. Em que medida concorda com os seguintes aspectos da influência do género no crescimento da empresa no sector da horticultura? **1. Discordo totalmente 2. Discordo 3. neutro 4. Concordo 5. Concordo plenamente**

	1	2	3	4	5

A capacidade de inovação do género durante a transformação influencia o crescimento da sua empresa					
O género do empresário afecta a sua inovação de novos mercados que influenciam o crescimento da sua empresa					
No sector da horticultura, o carácter inovador do género na escolha de métodos alternativos de conservação influencia o crescimento da sua empresa					
As diferenças de género no acesso a novas informações sobre as exigências do mercado, o desenvolvimento e a comercialização influenciam o crescimento da sua empresa					

20. Sugerir formas práticas de melhorar o género, a fim de influenciar o crescimento da empresa empreendedora no sector da horticultura?

CRESCIMENTO

21. Quais são os vários aspectos do género que influenciam o crescimento de uma empresa empreendedora no sector da horticultura?

22. Em que medida concorda com o seguinte aspeto do género como influenciador do crescimento da empresa no sector da horticultura? **1. Discordo totalmente 2. Discordo 3. neutro 4. Concordo 5. Concordo fortemente**

	1	2	3	4	5
Inteligência					
Locus de controlo interno					
Acesso ao crédito e ao mercado					
Investimento em infra-estruturas					
Acrescento de valor através do processo					
Escolha de sementes, variedade de culturas					
Fonte de crédito e crédito e financiamento					

23. Sugerir formas práticas de melhorar o crescimento das empresas empreendedoras no **sector da horticultura?**

Obrigado

Apêndice III: Entrevista com informadores-chave

O investigador pretende investigar o papel do género no crescimento da indústria da horticultura de exportação no Quénia, com especial incidência no círculo eleitoral de Yataa, no condado de Machakos. Solicita-se ao inquirido que dê uma resposta correta e independente. Note-se que todas as informações obtidas através deste questionário são estritamente confidenciais e serão utilizadas para fins académicos.

SECÇÃO A: INFORMAÇÕES GERAIS

1. Sexo do inquirido

2. Idade dos inquiridos?

3. Há quanto tempo trabalha no sector da horticultura?

4. **Cargo ocupado pelo inquirido na sua organização**

Secção B: Influência do género no crescimento da indústria hortícola de exportação

5. Como é que uma caraterística empresarial de género influencia o crescimento de uma empresa empreendedora no sector da horticultura?

6. Sugerir formas práticas de melhorar as caraterísticas dos empresários, a fim de influenciar o crescimento das empresas empreendedoras no sector da horticultura?

7. Como é que uma rede social de género influencia o crescimento de uma empresa empreendedora no sector da horticultura?

8. Como é que a capacidade de inovação do género do empresário influencia o crescimento da sua empresa no sector da horticultura?

9. O que deve ser feito para melhorar o crescimento do empreendedorismo no sector da horticultura?

10. Como é que o género do empresário influencia o seu processo de tomada de decisão e, por sua vez, o crescimento da empresa no sector da horticultura?

11. Sugerir formas práticas de melhorar a tomada de decisões em função do género, a fim de influenciar o crescimento da empresa empreendedora na indústria da horticultura?

12. Quais são os vários aspectos do género que influenciam o crescimento de uma empresa empreendedora no sector da horticultura?

13. Sugerir formas práticas de melhorar o crescimento de empresas empreendedoras no sector da horticultura?

Obrigado

Printed by Books on Demand GmbH, Norderstedt / Germany